essentials

Essentials liefern aktuelles Wissen in konzentrierter Form. Die Essenz dessen, worauf es als „State-of-the-Art" in der gegenwärtigen Fachdiskussion oder in der Praxis ankommt, komplett mit Zusammenfassung und aktuellen Literaturhinweisen. Essentials informieren schnell, unkompliziert und verständlich

- als Einführung in ein aktuelles Thema aus Ihrem Fachgebiet
- als Einstieg in ein für Sie noch unbekanntes Themenfeld
- als Einblick, um zum Thema mitreden zu können.

Die Bücher in elektronischer und gedruckter Form bringen das Expertenwissen von Springer-Fachautoren kompakt zur Darstellung. Sie sind besonders für die Nutzung als eBook auf Tablet-PCs, eBook-Readern und Smartphones geeignet.

Essentials: Wissensbausteine aus Wirtschaft und Gesellschaft, Medizin, Psychologie und Gesundheitsberufen, Technik und Naturwissenschaften. Von renommierten Autoren der Verlagsmarken Springer Gabler, Springer VS, Springer Medizin, Springer Spektrum, Springer Vieweg und Springer Psychologie.

Die Geburt der Quantenphysik

Rudolf P. Huebener • Nils Schopohl

Boltzmann, Planck, Einstein, Nernst und andere

Springer Spektrum

Rudolf P. Huebener
Physikalisches Institut,
Experimentalphysik
Universität Tübingen
Tübingen
Deutschland

Nils Schopohl
Institut für Theoretische Physik
Universität Tübingen
Tübingen
Deutschland

ISSN 2197-6708   ISSN 2197-6716 (electronic)
essentials
ISBN 978-3-658-12451-9   ISBN 978-3-658-12452-6 (eBook)
DOI 10.1007/978-3-658-12452-6

Die Deutsche Nationalbibliothek verzeichnet diese Publikation in der Deutschen Nationalbibliografie; detaillierte bibliografische Daten sind im Internet über http://dnb.d-nb.de abrufbar.

Springer Spektrum

Gedruckt auf säurefreiem und chlorfrei gebleichtem Papier

Springer Fachmedien Wiesbaden ist Teil der Fachverlagsgruppe Springer Science+Business Media
(www.springer.com)

Inhaltsverzeichnis

Über die Autoren

Rudolf Huebener erhielt 1992 für seine wissenschaftlichen Arbeiten den Max-Planck-Forschungspreis und 2001 den Cryogenics-Preis. Er studierte Physik und Mathematik an der Universität Marburg sowie an den Technischen Hochschulen München und Darmstadt. 1958 promovierte er in Marburg im Fach Experimentalphysik. Nach einer Tätigkeit im Forschungszentrum Karlsruhe und einem Forschungsinstitut bei Albany, New York, USA arbeitete er für 12 Jahre am Argonne National Laboratory bei Chicago, Illinois. 1974 übernahm er einen Lehrstuhl für Experimentalphysik an der Universität Tübingen. Dort lehrte und forschte er bis zu seiner Emeritierung im Jahr 1999.

Nils Schopohl Nach seiner Promotion 1979 an der Universität Hamburg arbeitete Nils Schopohl als Physiker am Forschungszentrum Jülich und am Institut Laue-Langevin in Grenoble.

Energiequanten und Plancks Strahlungsgesetz

1

Noch bis in das späte 19. Jahrhundert war es keineswegs überall akzeptiert, dass die Welt aus Atomen und Molekülen besteht. So hat beispielsweise der große, in Wien lehrende Physiker Ernst Mach (1838–1916) bis an sein Lebensende die Idee von Atomen abgelehnt. Dasselbe gilt auch für Max Planck (1858–1947) und den Chemiker Wilhelm Ostwald (1853–1932) in Leipzig. Beide haben sich aber nach einiger Zeit zur Atom-Idee bekehrt. Die großen Pioniere der auf Atomen und Molekülen aufbauenden „statistischen Physik" waren der Engländer James Clerk Maxwell (1831–1879) in Cambridge, der Amerikaner Josiah Willard Gibbs (1839–1903) in New Haven, Connecticut, und der Österreicher Ludwig Boltzmann (1844–1906), der in Graz, München, Wien und Leipzig gelehrt hat. Boltzmann's atomistische Vorstellung und seine statistische Physik wurden aber immer wieder angefeindet und abgelehnt, was wohl auch dazu beitrug, dass er sich am Ende das Leben nahm.

1.1 Glühbirne, Elektrotechnik und die Reichsanstalt in Berlin

Die von Max Planck in der kurzen Zeit von Oktober bis Dezember 1900 eingeleitete Quantenphysik bedeutete eine Revolution im Gedankengut der Physik, die die weitere Entwicklung in den Naturwissenschaften bis heute entscheidend geprägt hat. Im Folgenden werden die wichtigsten Schritte erläutert, die hierzu geführt haben. Hierbei wird auch verdeutlicht, wie es anschließend mindestens noch 20 Jahre gedauert hat bis die wirkliche Bedeutung von Planck's Leistung allgemein erkannt wurde. Dabei spielten Albert Einstein (1879–1955), Walther Nernst (1864–1941) und andere eine entscheidende Rolle.

© Springer Fachmedien Wiesbaden 2016
R. P. Huebener, N. Schopohl, *Die Geburt der Quantenphysik*, essentials,
DOI 10.1007/978-3-658-12452-6_1

1

Abb. 1.1 Werner Siemens, 1887

Im Mittelpunkt der Ereignisse stand damals die Physikalisch-Technische Reichsanstalt (PTR) in Berlin. Die Reichsanstalt war 1887 besonders auf Initiative von Hermann von Helmholtz (1821–1894) (Abb. 1.2) und Werner Siemens (1816–1892) (Abb. 1.1) gegründet worden [1]. Sie hatte die Aufgabe, naturwissenschaftliche und technische Grundlagenforschung zu betreiben, die an anderen Stellen und besonders in den Industrie Laboratorien nicht möglich war. Die Reichsanstalt war weltweit die erste Einrichtung, deren Mitarbeiter sich nur auf ihre Forschung konzentrieren konnten, ohne weitere Aufgaben wie Lehre und Verwaltung wahrnehmen zu müssen.

Als ein wichtiger neuer Zweig der Technik entwickelte sich in der zweiten Hälfte des 19. Jahrhunderts die künstliche Beleuchtung. Neben der Petroleum Lampe und der Gas Lampe kam mehr und mehr die (heute dominierende) elektrische Lampe als künstliche Lichtquelle auf. Die elektrische Lampe konnte sich aber erst durchsetzen, nachdem Werner Siemens 1867 das elektrodynamische Prinzip für die Stromerzeugung entdeckt hatte. 1879 konstruierte Thomas Alva Edison (1847–1931) die erste Kohlefaden Lampe, und 1881 baute er die erste Glühlampen Fabrik in Menlo Park. Ein Jahr später gründete Emil Rathenau (1838–1915) in Deutschland eine Gesellschaft, welche die Verbreitung der Erfindung von Edison zum Ziel hatte. Aus ihr ging 1887 die Allgemeine Deutsche Elektrizitätsgesellschaft (AEG) hervor. Zu dieser Zeit setzte die Firma von Siemens ausschließlich auf die Herstellung von Bogenlampen, sodass die erste deutsche Fabrik für Glühlampen 1884

Abb. 1.2 Hermann
von Helmholtz im Jahr
1889. (Siemens Museum,
München)

von Rathenau's Gesellschaft in der Schlegelstraße in Berlin eröffnet wurde. Neben der elektrischen Beleuchtung war es damals die Telegraphie, die die rasante Entwicklung der Elektrotechnik ausgelöst haben.

Die sich rasch ausbreitende künstliche Beleuchtung war der Anlass, dass an der PTR gleich nach ihrer Gründung ein optisches Labor eingerichtet wurde (Abb. 1.3). Dort sollte die Photometrie verbessert sowie ein allgemein anerkanntes Licht-Maß und ein genau reproduzierbares Licht-Normal entwickelt werden. Als Helmholtz 1888 die Präsidentschaft der Reichsanstalt übernahm, hatte er Otto Lummer (1860–1925) die Leitung des Optischen Labors übertragen. Als Mitarbeiter von Lummer in der PTR nennen wir Wilhelm Wien (1864–1928), Ferdinand Kurlbaum (1857–1927) und Ernst Pringsheim (1859–1917). Alle genannten Personen waren zuvor Doktoranden von Helmholtz an der Friedrich-Wilhelms-Universität zu Berlin gewesen.

1.2   Thermische Strahlung heißer Körper

In der Physik der von heißen Körpern emittierten Strahlung hatte es um 1860 wichtige Fortschritte gegeben. Damals formulierte Gustav Kirchhoff (1824–1887) sein Strahlungsgesetz, nach dem für jeden Körper bei jeder Wellenlänge und in jeder

Abb. 1.3 Labor für Strahlungsmessungen in der PTR um 1900. (Physikalisch-Technische Bundesanstalt Braunschweig und Berlin)

Richtung das Emissionsvermögen für thermische Strahlung proportional zu seinem Absorptionsvermögen ist. Kirchhoff war 1854 als Professor für Physik von Breslau (heute Wroclaw) an die Universität in Heidelberg gewechselt. In enger Zusammenarbeit mit Robert Bunsen (1811–1899) führte er in Heidelberg spektroskopische Untersuchungen durch. Im Jahr 1862 prägte Kirchhoff den Begriff des „Schwarzen Körpers" als idealisierten hypothetischen Körper, der die auf ihn treffende (elektromagnetische) Strahlung bei jeder Wellenlänge vollständig absorbiert. Ein Schwarzer Körper oder auch Schwarzer Strahler ist eine ideale thermische Strahlenquelle und dient als Grundlage für theoretische Betrachtungen sowie als Referenzquelle für praktische Untersuchungen elektromagnetischer Strahlung. Seine technische Realisierung ist allerdings eine keineswegs triviale Aufgabe.

1879 hatte der österreichische Physiker Josef Stefan (1835–1893) experimentell nachgewiesen, dass die gesamte von einem Schwarzen Körper emittierte Leistung W proportional zur vierten Potenz seiner Temperatur ansteigt:

$$W = \sigma \cdot T^4 \tag{1.1}$$

Eine theoretische Begründung lieferte Luwig Boltzmann 1884. Das Gesetz wurde bald als Stefan-Boltzmann'sches Gesetz bekannt, und der Faktor σ als Stefan-Boltzmann Konstante.

Im Jahr 1893 hatte Wilhelm Wien sein berühmtes Verschiebungsgesetz für die Abhängigkeit der Strahlungsintensität eines Schwarzen Körpers von der Temperatur formuliert. Nach diesem Gesetz ist das Produkt aus der Temperatur T und der Wellenlänge λ_m maximaler Emission im Spektrum der Strahlung konstant:

$$\lambda_m \cdot T = \text{konst.} \tag{1.2}$$

Wien zeigte, dass die Strahlung im Hohlraum eines Schwarzen Körpers *„als Zustand des stabilen Wärmegleichgewichtes"* definiert werden kann. Falls die spektrale Energieverteilung eines Schwarzen Körpers für irgendeine Temperatur bekannt ist, können dann auch die Energieverteilungen für alle anderen Temperaturen daraus abgeleitet werden.

Wien hatte mit seinem Verschiebungsgesetz einen wichtigen Schritt für das Verständnis der thermischen Strahlung getan. Auf der anderen Seite fehlte aber noch die theoretische Beschreibung der spektralen Energieverteilung eines Schwarzen Strahlers. Dieser Schritt gelang Wien im Jahr 1896 mit seinem Gesetz zur spektralen Energieverteilung:

$$E = C_1 \cdot \lambda^{-5} \cdot \exp(-C_2 / \lambda T) \tag{1.3}$$

welches die Energie E bei der Wellenlänge λ bzw. bei der Frequenz v pro Frequenz-Intervall dv angibt. Die Größen λ und v hängen über die Lichtgeschwindigkeit c miteinander zusammen: $c = \lambda \cdot v$. In (1.3) sind C_1 und C_2 Konstanten. Wien hatte dieses Gesetz mit Hilfe einer Reihe von Hypothesen und aufgrund der damals verfügbaren experimentellen Daten gefunden. Eine strengere Ableitung dieses Gesetzes erfolgte anschließend durch Planck.

Nach seinem Eintritt in die PTR im April 1891 widmete sich Ferdinand Kurlbaum dem Gebiet der Strahlung, dem er in seinem ganzen weiteren Leben treu bleiben sollte. Zusammen mit Lummer arbeitete er bald an der Entwicklung eines hochempfindlichen Bolometers zum Strahlungsnachweis. Es gelang Kurlbaum, neuartige Flächenbolometer herzustellen, bei denen die elektrische Widerstandsänderung von extrem dünnen Metallbändern aufgrund der Absorption von Strahlung ausgenutzt wird. Durch Auswalzen von Platin Folien zwischen Silberblechen war er in der Lage, Folien mit einer Dicke von nur 1 µm oder noch darunter zu produzieren. Durch die Geometrie eines mäanderförmigen Streifens erreichte er ein deutlich gesteigertes Signal bei der elektrischen Widerstandsmessung. Durch den Vergleich der elektrischen Widerstandsänderung ΔR aufgrund von Joule'scher Erwärmung (durch Anlegen eines elektrischen Stroms) mit der durch die Wärmestrahlung bewirkten Änderung ΔR konnte eine Absolutmessung der Strahlungsleistung erzielt werden. Die Schwärzung des Streifens erforderte zahlreiche Versuche, zunächst unter Verwendung des Rußes einer Petroleumflamme. Dies führte jedoch nur zu ungleichmäßigen Schichten. Erst der Überzug der Platinstreifen mit Platinschwarz (einem sehr feinen Platinpulver, das Wasserstoff und Sauerstoff aktiviert und sich daher gut als Katalysator eignet), hatte das erwünschte Ergebnis. 1898 erschien die berühmte Mitteilung von Kurlbaum zusammen mit Lummer über den elektrisch geglühten, absolut Schwarzen Körper, die lange Zeit als Grundlage für alle Messungen der Licht- und Wärmestrahlung bei hohen Temperaturen diente. Ihre Messungen der Gesamtstrahlung des Schwarzen Körpers lieferten zum ersten Mal zuverlässige Werte für die Stefan-Boltzmann Konstante. Die Fertigstellung des verwendeten Schwarzen Strahlers hatte nicht weniger als 3 Jahre beansprucht (Abb. 1.4). Die hohen Anforderungen ergaben sich neben der möglichst perfekten räumlichen Homogenität der Wandtemperatur des Schwarzen Hohlraums aus der gewünschten Zuverlässigkeit bis zu Temperaturen von 1900 K.

In Abb. 1.5 zeigen wir die Messergebnisse von Otto Lummer und Ernst Pringsheim zum Energiespektrum der Strahlung des Schwarzen Körpers.

Zur gleichen Zeit führte Ferdinand Kurlbaum mit Heinrich Rubens (1865–1922) in dessen Laboratorium an der Technischen Hochschule in Charlottenburg Messungen der Strahlungsintensität des Schwarzen Körpers im Bereich langer Wellen bis oberhalb 20 μm durch, die den letzten Anstoß zur Aufstellung der Planck'schen Strahlungsformel und somit zur Entstehung der Quantentheorie lieferten.

Abb. 1.4 Otto Lummer und Willy Wien entwickeln 1895 den ersten Hohlraumstrahler zur praktischen Erzeugung der Wärmestrahlung Schwarzer Körper. (Physikalisch-Technische Bundesanstalt Braunschweig und Berlin)

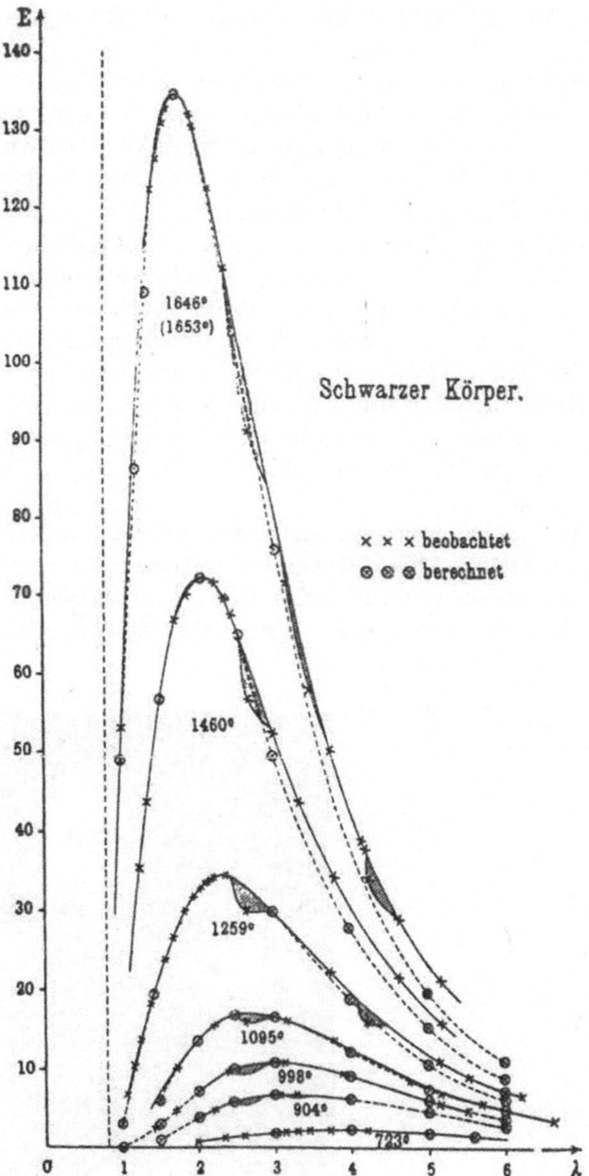

Abb. 1.5 Energie im Spektrum des Schwarzen Körpers aufgetragen gegen die Wellenlänge der Strahlung. (O. Lummer und E. Pringsheim, Annalen der Physik IV, Bd. 6, 192 (1901))

1.3 Entropie, Boltzmann und Plancks Strahlungsgesetz

Max Planck (Abb. 1.6) hatte sich gegen Ende der 1890er Jahre intensiv mit der Entropie und der Temperatur der strahlenden Wärme beschäftigt und dabei die neuen experimentellen Beobachtungen zur spektralen Verteilung der Strahlungsenergie genau verfolgt. Wir zitieren aus seiner bei den Annalen der Physik mit Eingangsdatum vom 22.3.1900 erschienen Arbeit [2]: „ *... Obschon nun ein Conflict zwischen Beobachtung und Theorie wohl erst dann als zweifellos constatirt gelten kann, wenn die Zahlen der verschiedenen Beobachter miteinander hinreichend übereinstimmen, so bildete die zwischen den Beobachtern schwebende Frage doch auch für mich eine Anregung, die theoretischen Voraussetzungen, welche zu dem oben erwähnten Ausdruck der Strahlungsentropie führen, und an denen also jedenfalls etwas geändert werden müsste, wenn das Wien'sche Energieverteilungsgesetz sich nicht als allgemein gültig erweisen sollte, übersichtlich zusammenzustellen und einer geschärften Kritik zu unterziehen. Das Wesentliche davon möchte ich hier in Kürze mitteilen ...* ".*

In der denkwürdigen Sitzung der Deutschen Physikalischen Gesellschaft vom 19.10.1900 hatte Kurlbaum zunächst über die Ergebnisse seiner mit Rubens durchgeführten Strahlungsmessungen im Gebiet sehr grosser Wellenlängen berichtet. Es konnte kein Zweifel mehr darüber bestehen, dass die Wien'sche Gl. (1.3) im

Abb. 1.6 Max Planck. (Deutsches Museum, Archiv)

Gebiet langer Wellen und hoher Temperaturen völlig versagte. Planck hatte von diesen Messergebnissen schon vorher Kenntnis erhalten und darauf hin nach einem theoretischen Ansatz gesucht, der für die beiden Grenzfälle grosser und kleiner Wellenlängen die experimentellen Beobachtungen beschreiben konnte. In der Sitzung vom 19.10.1900 konnte er im Anschluss an Kurlbaum's Bericht sein berühmtes Strahlungsgesetz schon vorschlagen und seine Überprüfung anregen. Die Diskussion im Anschluss an Planck's Vortrag muss sehr motivierend gewesen sein, denn noch in derselben Nacht wurde seine Bitte um eine Überprüfung der Formel erfüllt. Planck berichtete in seiner Selbstbiographie: „*Am Morgen des nächsten Tages suchte mich der Kollege Rubens auf und erzählte, dass er nach Schluss der Sitzung noch in der nämlichen Nacht meine Formel mit seinen Messungsdaten genau verglichen und überall eine befriedigende Übereinstimmung gefunden habe.*"

Seine neue Formel für die spektrale Energieverteilung erhielt Planck durch die *thermodynamische* Betrachtung der Entropie S eines auf Bestrahlung ansprechenden linearen Oszillators als Funktion seiner Schwingungsenergie U. Aus dem Wien'schen Spektralgesetz ergibt sich [3]

$$\frac{d^2 S}{dU^2} \sim \frac{1}{U} \tag{1.4}$$

Um eine Abweichung vom Wien'schen Gesetz im Gebiet langer Wellen zu erfassen, suchte Planck nach einem erweiterten Ausdruck. In dem betreffenden Sitzungsbericht vom 19.Oktober 1900 mit dem Titel „*Über eine Verbesserung der Wienschen Sprktralgleichung*" [4] liest man: „*Im Verfolg dieses Gedankens bin ich schließlich dahin gekommen, ganz willkürlich Ausdrücke für die Entropie zu konstruieren, welche, obwohl komplizierter als der Wiensche Ausdruck, doch allen Anforderungen der thermodynamischen und elektromagnetischen Theorie ebenso vollkommen Genüge zu leisten scheinen wie dieser.*"

Unter den so aufgestellten Ausdrücken ist mir nun einer besonders aufgefallen, der dem Wienschen an Einfachheit am nächsten kommt, und der, da letzterer nicht hinreicht, um alle Beobachtungen darzustellen, wohl verdienen würde, daraufhin näher geprüft zu werden. Derselbe ergibt sich, wenn man setzt

$$\frac{d^2 S}{dU^2} = \frac{\alpha}{U(\beta + U)}$$

Er ist bei weitem der einfachste unter allen Ausdrücken, welche S als logarithmische Funktion von U liefern (was anzunehmen die Wahrscheinlichkeitsrechnung nahelegt) und welche außerdem für kleine Werte von U in den obigen Wienschen Ausdruck übergehen. Mit Benutzung der Beziehung

$$\frac{dS}{dU} = \frac{1}{T}$$

und des Wienschen „Verschiebungs" gesetzes erhält man hieraus zweikonstantige Strahlungsformel

$$E = \frac{C_1 \lambda^{-5}}{e^{\frac{C_2}{\lambda T}} - 1}$$

Hier haben wir die die beiden von Planck benutzten Konstanten in C_1 und C_2 umbenannt. C_1 und C_2 sind die gleichen Konstanten wie im Wien'schen Gesetz (1.3) der Energieverteilung. Wir sehen, dass im Grenzfall $C_2 / \lambda \cdot T \gg 1$ (kleine Wellenlängen) Planck's Formel in das Gesetz von Wien übergeht. Andererseits ergibt sich im umgekehrten Grenzfall $C_2 / \lambda \cdot T \ll 1$ (grosse Wellenlängen) die Energieverteilung

$$E = (C_1\, T) / (C_2 \lambda^4) \tag{1.5}$$

In diesem Fall steigt die spektrale Energie umgekehrt proportional zur vierten Potenz der Wellenlänge λ an, oder direkt proportional zur vierten Potenz der Frequenz v. Dieser Grenzfall wird auch als das Rayleigh-Jeans Strahlungsgesetz bezeichnet. Das Gesetz von Stefan-Boltzmann sowie das Verschiebungsgesetz von Wien sind als wichtige Grenzfälle im Planck'schen Strahlungsgesetz enthalten.

Wie in [3] erläutert, schreibt man zur Integration oben bei d^2S/dU^2 für die rechte Seite

$$\frac{\alpha}{U(\beta + U)} = \frac{\alpha}{\beta}\left(\frac{1}{U} - \frac{1}{\beta + U}\right) \tag{1.6}$$

(Bei dieser Schreibweise von Planck ist α negativ). Die dabei auftretende Integrationskonstante ist so zu bestimmen, dass für $U = \infty$ auch $T = \infty$, also $dS/dU = 0$ wird. Man erhält dann

$$\frac{dS}{dU} = \frac{\alpha}{\beta} \ln \frac{U}{\beta + U} = \frac{1}{T} \tag{1.7}$$

und

$$U = \frac{\beta}{e^{-\beta/\alpha T} - 1} \tag{1.8}$$

In den darauf folgenden Wochen hat Planck über die Begründung seines vorgeschlagenen Strahlungsgesetzes viel nachgedacht und in der Sitzung vom 14.12.1900 das Ergebnis seiner Überlegungen vorgetragen. Wir zitieren hierzu aus seinem Nobel Vortrag vom 2. Juni 1920 (hier in deutscher Übersetzung): *„Auch falls die Strahlungsformel sich als absolut richtig erweisen sollte, so hätte sie doch nur, innerhalb der Wirkung einer glücklich gewählten Interpolationsformel, einen stark eingeschränkten Wert. Deshalb beschäftigte ich mich ... ab dem Tag ihrer Herleitung mit der Frage nach der wirklichen physikalischen Bedeutung der Formel, und dieses Problem brachte mich automatisch dazu, die Verbindung zwischen Entropie und Wahrscheinlichkeit, also Boltzmann's Ideen, zu betrachten; bis dann nach mehreren Wochen der anstrengendsten Arbeit in meinem Leben, Licht in die Dunkelheit kam, und sich vor mir eine neue, auch im Traum nicht erwartete Perspektive auftat"*.

Planck war es gelungen, die obigen Konstanten C_1 und C_2 auf universelle Naturkonstanten zurückzuführen. Dabei machte er eine große physikalische Entdeckung: er fand die neue universelle Naturkonstante h, das Wirkungsquantum. Er konnte folgende Identifikationen herleiten:

$$C_1 = 2\,h\,c^2; \quad C_2 = (h\,c)\,/\,k_B \qquad (1.9)$$

Hier bezeichnet h das Planck'sche Wirkungsquantum, c die Lichtgeschwindigkeit und k_B die Boltzmann Konstante. Planck hatte als erster erkannt, dass es notwendig ist, die Energie der elektromagnetischen Strahlung *„nicht als eine stetige, unbeschränkt teilbare, sondern als eine discrete, aus einer ganzen Zahl von endlichen gleichen Teilchen zusammengesetzte Grösse aufzufassen"* und *„dass das Energieelement ε proportional der Schwingungszahl v sein muss, also ε = h · v."* (Zitat aus [5]). Hiermit hatte Planck die Quantisierung der Energie gefordert.

Übrigens hatte Boltzmann (Abb. 1.7) bereits die Energie in eine bestimmte Anzahl von „Quanten" ε unterteilt, dann aber nur den Grenzfall $\varepsilon \to 0$ weiter behandelt.

Der oben genannte zweite große Schritt von Planck basierte auf den von Boltzmann entwickelten Konzepten der *Wahrscheinlichkeit*. Wir wollen auch diesen Schritt kurz erläutern. Ausgangspunkt ist die von Boltzmann erkannte berühmte Beziehung zwischen der Entropie S_N und der Wahrscheinlichkeit W der Energieverteilung auf die Anzahl von N Teilchen eines Systems:

$$S_N = k_B \ln W \qquad (1.10)$$

Planck berechnete mit Hilfe der Kombinatorik alle möglichen Verteilungen von P *identischen (ununterscheidbaren)* Energieelementen ε bei konstanter Gesamt-

Abb. 1.7 Ludwig Boltzmann als Professor in Wien

energie $U_N = P \cdot \varepsilon$ auf N Oszillatoren der Frequenz v. Das Ergebnis ist die Wahrscheinlichkeit

$$W = \frac{(N+P-1)!}{(N-1)!\,P!} \qquad (1.11)$$

Im Fall sehr großer Zahlen N und P ergibt die Benutzung der Stirling Formel

$$\ln(n!) = n \ln n - n \qquad (1.12)$$

dann

$$S_N = k_B N \left[\left(1 + \frac{P}{N} \right) \ln \left(1 + \frac{P}{N} \right) - \frac{P}{N} \ln \frac{P}{N} \right] \qquad (1.13)$$

Mit der mittleren Energie U und der Entropie S eines Oszillators haben wir

$$U_N = N U = P \varepsilon \quad \text{und} \quad S_N = N S \qquad (1.14)$$

Mit $P/N = U/\varepsilon$ findet man

$$\frac{dS}{dU} = \frac{1}{T} = \frac{k_B}{\varepsilon} \ln \left(1 + \frac{\varepsilon}{U} \right) \qquad (1.15)$$

und schließlich

$$U = \frac{\varepsilon}{e^{\varepsilon/k_B T} - 1} \qquad (1.16)$$

Aus Wiens thermodynamischer Behandlung der Schwarzen Strahlung mit dem Verschiebungsgesetz schloss Planck, dass das Energieelement ε proportional zur Frequenz v der Strahlung ist:

$$\varepsilon = h\,v \qquad (1.17)$$

Planck fand so die Strahlungsgleichung

$$E = \frac{2\,h\,c^2\,\lambda^{-5}}{e^{\frac{h v}{k_B T}} - 1} \qquad (1.18)$$

Die Größe E bezeichnet die spektrale Energiedichte bei der Frequenz v pro Frequenzintervall dv. Die Proportionalität zu λ^{-5} in (1.18), die auch im Wienschen Gesetz (1.3) auftritt, rührt von der Zustandsdichte $v^2\,dv$ (Kugelschale der Dicke dv im dreidimensionalen Frequenzraum) und dem Zusammenhang $|dv| = (c\,/\,\lambda^2\,)|d\lambda|$ mit $c = \lambda\,v$. Ein weiterer Faktor $1/\lambda$ stammt von $\varepsilon = h\,v$ in (1.16).

Bei Planck spielte der auf den Oszillator übertragene Entropie Begriff die entscheidende Rolle. Wir wollen Planck noch einmal aus dem Anfang der Verhandlungen der Deutschen Physikalischen Gesellschaft zu der Sitzung vom 14.12.1900 [6] zitieren: *„M. H.! Als ich vor mehreren Wochen die Ehre hatte, Ihre Aufmerksamkeit auf eine neue Formel zu lenken, welche mir geeignet schien, das Gesetz der Verteilung der strahlenden Energie auf alle Gebiete des Normalspectrums auszudrücken, gründete sich meine Ansicht von der Brauchbarkeit der Formel, wie ich schon damals ausführte, nicht allein auf die anscheinend gute Uebereinstimmung der wenigen Zahlen, die ich Ihnen damals mitteilen konnte, mit den bisherigen Messungsresultaten, sondern hauptsächlich auf den einfachen Bau der Formel und insbesondere darauf, dass dieselbe für die Abhängigkeit der Entropie eines bestrahlten monochromatisch schwingenden Resonators von seiner Schwingungsenergie einen sehr einfachen logarithmischen Ausdruck ergibt, welcher die Möglichkeit einer allgemeinen Deutung jedenfalls eher zu versprechen schien, als jede andere bisher in Vorschlag gebrachte Formel, abgesehen von der WIEN'schen, die aber durch die Thatsachen nicht bestätigt wird."*

In diesem Vortrag zeigte Planck wie man mit Hilfe *„einer einzigen Naturkonstanten die Verteilung einer gegebenen Energiemenge auf die einzelnen Farben* *des Normalspectrums, und dann mittels einer zweiten Naturkonstanten auch die Temperatur dieser Energiestrahlung zahlenmässig berechnen kann."* Die erste Naturkonstante wird heute als das Planck'sche Wirkungsquantum h bezeichnet. Die zweite Naturkonstante ist die Boltzmann Konstante k_B.

Kurz darauf hat Planck diese Gedanken zusätzlich in seiner Arbeit *„Ueber das Gesetz der Energieverteilung im Normalspektrum"* mit Eingangsdatum vom 7.1.1901 [5] fixiert. Wir zitieren noch einmal aus dem Anfang dieser Arbeit: *„Die neueren Spectralmessungen von O. Lummer und E. Pringsheim und noch auffälliger diejenigen von H. Rubens und F. Kurlbaum, welche zugleich ein früher von H. Beckmann erhaltenes Resultat bestätigen, haben gezeigt, dass das zuerst von W. Wien aus molecularkinetischen Betrachtungen und später von mir aus der Theorie der elektromagnetischen Strahlung abgeleitete Gesetz der Energieverteilung im Normalspectrum keine allgemeine Gültigkeit besitzt. Die Theorie bedarf also in jedem Falle einer Verbesserung, und ich will im Folgenden den Versuch machen, eine solche auf der Grundlage der von mir entwickelten Theorie der elektromagnetischen Strahlung durchzuführen."*

In dieser Arbeit gibt Planck auch seine berechneten Zahlenwerte für die genannten Naturkonstanten an: $h = 6{,}55 \cdot 10^{-27}\,\mathrm{erg} \cdot \mathrm{sec}$ und $k_B = 1{,}346 \cdot 10^{-16}\,\mathrm{erg/grad}$. Diese Werte unterscheiden sich nur um 1–2 % von den heute akzeptierten Werten. In Abb. 1.8 sind die Strahlungsgesetze für den Schwarzen Körper nach Planck, Wien, sowie Rayleigh und Jeans zusammenfassend dargestellt.

Wie so oft verlief auch diese höchst entscheidende Entwicklung nicht ohne Kontroversen bzw. ohne Streit um Prioritäten. Es war insbesondere Friedrich Paschen (1865–1947), seinerzeit an der Technischen Hochschule in Hannover tätig, der detaillierte bolometrische Experimente zum Energiespektrum der Strahlung des Schwarzen Körpers durchgeführt hat. Hierbei drehte es sich vor allem um die Frage, ob im Bereich grösserer Wellenlängen und höherer Temperaturen Abweichungen von dem Wien'schen Gesetz auftraten. An derartige Abweichungen hatte

Abb. 1.8 Die Strahlungsgesetze für den Schwarzen Körper nach Planck, Wien, sowie Rayleigh und Jeans

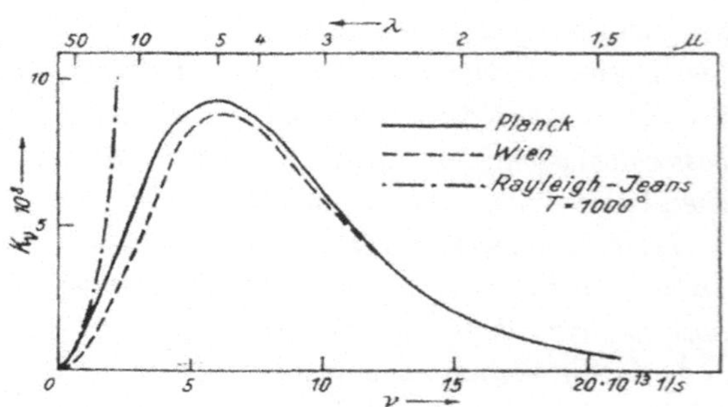

Paschen zunächst nicht geglaubt und deshalb die Aussagen und die Messergebnisse der Mitarbeiter der Reichsanstalt deutlich kritisiert. Weitere Details über diese Kontroverse findet man in [1].

1.4 Albert Einstein, Lichtquanten und Schallquanten

Wenn man fragt, wie sich die wichtige Entdeckung von Planck damals ausgewirkt hat, dann lautet die Antwort: zunächst überhaupt nicht. Die weitere Entwicklung ist aber auch besonders interessant. Es war Albert Einstein (Abb. 1.9), der damals einige Jahre später die große Bedeutung von Planck's Entdeckung wohl als Erster erkannt hat. In einer seiner berühmten fünf Arbeiten aus dem Jahr 1905, dem „annus mirabilis", diskutiert er die Quantenphysik und *„die Plancksche Bestimmung der Elementarquanta"*. Die Arbeit hat den Titel *„ Über einen die Erzeugung und Verwandlung des Lichts betreffenden heuristischen Gesichtspunkt"* [7]. Einstein behandelt die Entropie der Wärmestrahlung und kommt aufgrund einer molekulartheoretischen Untersuchung zu folgender Schlussfolgerung: *„Monochromatische Strahlung von geringer Dichte (innerhalb des Gültigkeitsbereiches der Wienschen Strahlungsformel) verhält sich in wärmetheoretischer Beziehung so, wie wenn sie*

Abb. 1.9 Albert Einstein, 1905. (Deutsches Museum, Archiv)

aus voneinander unabhängigen Energiequanten von der Größe Rβv/N bestünde".
In dieser Schreibweise von Einstein entspricht Rβ/N dem Planckschen Wirkums-
quantum h (Rβ/N=h). Mit Hilfe dieses Konzeptes der Lichtteilchen gelang Einstein die theoretische Erklärung des lichtelektrischen Effekts, wofür er 1921 den
Nobelpreis in Physik erhielt.

Seine Re-Interpretation von Plancks Theorie durch die Lichtquanten (Photonen)
hat Einstein noch einmal 1906 in seiner Arbeit *„Zur Theorie der Lichterzeugung
und Lichtabsorption"* [8] deutlich ausgedrückt: *„ Wir müssen daher folgenden Satz
als der Planckschen Theorie der Strahlung zugrunde liegend ansehen:*

*Die Energie eines Elementarresonators kann nur Werte annehmen, die ganz-
zahlige Vielfache von (R/N)βv sind; die Energie eines Resonators ändert sich durch
Absorption und Emission sprungweise, und zwar um ein ganzzahliges Vielfache
von (R/N)βv"*.

Es bleibt jedoch festzuhalten, dass in der ganzen Zeit zwischen der Einführung
der Lichtquanten 1905 und der Entdeckung des Compton Effekts 1922 nur sehr
wenige Theoretische Physiker, außer Einstein selbst, an die Realität der Lichtquanten geglaubt haben. Einsteins Lichtquantenhypothese ist später durch eine große
Anzahl von weiteren Experimenten bewiesen worden.

Wie umwälzend Einsteins Ideen am Anfang des letzten Jahrhunderts das physikalische Denken beeinflusst haben, wird durch das folgende Zitat von Max Planck
aus seinem am 12. Juni 1913 verfassten Wahlvorschlag für Albert Einstein zur
Aufnahme als ordentliches Mitglied in die Akademie der Wissenschaften deutlich:

*„Zusammenfassend kann man sagen, dass es unter den großen Problemen, an
denen die moderne Physik so reich ist, kaum eines gibt, zu dem nicht Einstein in
bemerkenswerter Weise Stellung genommen hätte. Dass er in seinen Spekulationen
gelegentlich auch über das Ziel hinausgeschossen haben mag, wie z. B. in seiner
Hypothese der Lichtquanten, wird man ihm nicht allzu schwer anrechnen dürfen;
denn ohne einmal ein Risiko zu wagen, lässt sich auch in der exakten Naturwissen-
schaft keine wirkliche Neuerung einführen."* – Der Wahlvorschlag trägt die Unter-
schriften von Planck, Nernst, Rubens und Emil Warburg [9].

Wie sicher sich Einstein damals bezüglich der Quantisierung bei der Lichtener-
gie war, erkennt man auch daraus, dass er schon kurz nach seiner Einführung der
Lichtquanten auch die Quantisierung bei der Schwingungsenergie der Kristallatome gefordert hat. In seiner 1907 erschienenen Arbeit *„Die Plancksche Theorie der
Strahlung und die Theorie der spezifischen Wärme"* [10] nahm er an, dass alle
Kristallatome mit einer einzigen Frequenz v_E, der „Einstein Frequenz", schwingen,
und dass die Schwingungsenergie in kleinsten Energie Einheiten hv_E aufgeteilt
ist. Diese kleinste Energie Einheit wird als Phonon bezeichnet. Als sein Haupt-
ergebnis konnte Einstein so zum ersten Mal die starke Abnahme des Wärmeinhalts

von Kristallen mit sinkender Temperatur bei tiefen Temperaturen erklären. Eine genaue Übereinstimmung der Theorie mit den experimentellen Ergebnissen zum Wärmeinhalt von Kristallen konnte Peter Debye (1884–1966) um 1912 erzielen. Er erweiterte das auf nur einer Schwingungsfrequenz ν_E beruhende Modell von Einstein indem er das gesamte Schwingungsspektrum der Atome im Kristall (Phononen Spektrum) heranzog. Das so gefundene Gesetz, dass der Wärmeinhalt von Kristallen bei tiefen Temperaturen mit der dritten Potenz der Temperatur ansteigt (T^3 Gesetz) stimmte gut mit den experimentellen Daten überein.

Einstein hatte seine Arbeit von 1907 über die spezifische Wärme auch wieder auf dem Grundkonzept der Strahlung des Schwarzen Körpers aufgebaut. Fast vier Jahre lang blieb diese Arbeit jedoch unbeachtet. Bis ungefähr 1910 wurden das Plancksche Wirkungsquantum und die Energie Quantisierung vorwiegend in Verbindung mit der Hohlraum-Strahlung eines Schwarzen Körpers diskutiert. Erst nach 1910 wurden diese Ideen auch auf weitere physikalische Themen ausgedehnt, wie beispielsweise spezifische Wärme, Thermodynamik, Röntgen Strahlung, photoelektrischer Effekt und Atommodelle. Zu letzterem ist das Bohrsche Atommodell von 1913 zu nennen.

Es war dann Walther Nernst, der 1910 als Erster Einsteins Arbeit von 1907 über die spezifische Wärme zitiert hat. Mittlerweile war Nernst auch davon überzeugt, dass die Quanten Physik mehr ist als nur eine Rechenregel oder Interpolationsformel. Im März 1910 hatte Nernst Albert Einstein in Zürich besucht, um mit ihm seine Quanten Physik zu diskutieren. Hierzu gibt es einen schönen späteren Kommentar von George de Hevesy (1885–1966), der zur damaligen Zeit Assistent an der ETH in Zürich war: Dieser Besuch von Nernst *„machte Einstein berühmt. Einstein kam* [1909] *als ein unbekannter Mann nach Zürich. Dann kam Nernst, und die Leute in Zürich sagten: Dieser Einstein muss ein kluger Bursche sein, wenn der große Nernst von so weit aus Berlin nach Zürich kommt, um mit ihm zu reden.“*

Im April 1014 zog Einstein von Zürich nach Berlin und wurde Mitglied der Akademie der Wissenschaften, hauptsächlich auf Initiative von Nernst.

1.5   Walther Nernst und die endgültige Akzeptanz der Quantenphysik

Walther Nernst (Abb. 1.10) hatte 1905 den 3. Hauptsatz der Wärmelehre entdeckt, der besagt, dass die Entropie am Nullpunkt der Temperatur verschwindet. Für diese Entdeckung erhielt Nernst 1920 den Nobelpreis in Chemie. Dieser 3. Hauptsatz repräsentiert die Konsequenz der Quanten Physik für die Thermodynamik. Allerdings hatte Nernst ihn in anderem Zusammenhang entdeckt. Die quanten-

Abb. 1.10 Walther Nernst. (Zeichnung von Hermann Struck, 1922, private Leihgabe)

physikalische Grundlage des 3. Hauptsatzes lieferten im Jahr 1911 Otto Sackur (1880–1914) und Hugo Tetrode (1895–1931) in zwei getrennten Arbeiten. Sie gelangten damals zu der überraschenden Erkenntnis, dass auch die Entropie des idealen Gases vom Planckschen Wirkungsquantum h abhängig ist. Die berühmte Sackur-Tetrode Gleichung zeigt in der Tat, dass die kinetische Energie der translatorischen Freiheitsgrade der Atome in einem Volumen V ebenfalls quantisiert ist. Vom modernen Standpunkt aus betrachtet ist das sofort verständlich, denn das ideale klassische Gas ist nichts anderes als der Hochtemperaturlimes eines nicht wechselwirkenden Bose-Einstein Quantengases (für Teilchen mit Spin $S = 0$).

Nachdem Nernst die Auswirkung der Quanten Physik auf den Wärmeinhalt der Materie bei tiefen Temperaturen erkannt hatte, führte er in den Jahren 1910–1915 mit zahlreichen Mitarbeitern viele Messungen der spezifischen Wärme bei tiefen Temperaturen durch. Hierfür hatte er 1910 einen Verflüssiger für Wasserstoff konstruiert. Dies machte Messungen bis herunter zu 21 K, dem Siedepunkt des flüssigen Wasserstoffs, möglich. Arnold Eucken (1884–1950) war bei diesen Arbeiten ein wichtiger Mitarbeiter. Die Messungen zeigten bei tiefen Temperaturen deutlich die Abweichungen vom klassischen Dulong-Petit Gesetz, die aufgrund der Energie Quantisierung zu erwarten waren, und die Einstein in seinem Modell für die spezifische Wärme zum ersten Mal qualitativ erklärt hatte.

Erwähnt sei in diesem Zusammenhang, dass im Jahr 1932 der Nobelpreis für Physik an Werner Heisenberg (1901–1976) verliehen wurde „*...für die Begrün-*

dung der Quantenmechanik, deren Anwendung – unter anderem – zur Entdeckung der allotropen Formen des Wasserstoffs geführt hat", so die Laudatio. Gemeint sind hier der Para-Wasserstoff (Kernspin-Singlett) und der Ortho-Wasserstoff (Kernspin-Triplett). Die gute Übereinstimmung zwischen den von Eucken experimentell bestimmten Werten und den für das Hochtemperatur-Gleichgewicht erst ab 1926 berechneten Werten für die Wärmekapazität des H_2-Moleküls (auf Basis der Quantisierung der Rotation einer Hantel) bestätigt überzeugend die Erklärung von Heisenberg, dass der normale Wasserstoff H_2 sich aus der para- und der ortho-Modifikation im Hochtemperatur-Konzentrationsverhältnis entsprechend der Kernspin-Multiplizitäten 1: 3 zusammensetzt und dass die Ortho-Para Konversion hin zum Para-Grundzustand bei tiefen Temperaturen (im Vergleich zur Dauer des Experiments) nur sehr langsam stattfindet.

Als weitblickender Wissenschaftler und exzellenter Organisator hatte Nernst damals erkannt, dass die neuen Aspekte der Quantenphysik einmal auf höchstem Niveau gründlich diskutiert werden sollten. Er organisierte deshalb den Ersten Solvay Kongress vom 30. Oktober bis 3. November 1911 in Brüssel (Abb. 1.11). Das Thema lautete „Theorie der Quanten und der Strahlung". Nernst gelang es, zu dem Kongress die bedeutendsten Physiker aus Europa zu versammeln. Zur Finanzierung dieser Veranstaltung hatte er die Unterstützung des belgischen Wissenschaftlers

Abb. 1.11 Erster Solvay Kongress, 30. Oktober bis 3. November 1911

und Geschäftsmanns Ernest Solvay (1838–1922) gewonnen. Arnold Eucken hatte die Aufgabe des Kongress Sekretärs.

Mit der Zeit nahm die Akzeptanz der Quantenphysik deutlich zu. Hendrik Antoon Lorentz (1853–1928), die Vaterfigur der Theoretischen Physik, hatte noch bis 1909 Schwierigkeiten mit den Energiequanten. Erst 1910 akzeptierte auch er die Quantisierung der Energie und wurde dann einer der Förderer der neuen Konzepte. Neben Albert Einstein waren es damals außerdem besonders Paul Ehrenfest (1880–1933), Max von Laue (1879–1960) und Wilhelm Wien, die die Quantenphysik propagiert haben. Weitere Einzelheiten über die frühe Entwicklung der Quantenphysik findet man in [11–14].

Abschließend zitieren wir noch einmal Max Planck aus seinem Nobel Vortrag vom 2. Juni 1920 (hier in deutscher Übersetzung): *„Entweder war das Wirkungs-Quantum nur eine fiktive Größe, dann wäre die ganze Herleitung des Strahlungsgesetzes eigentlich nur illusorisch und wäre nichts anderes als ein leeres unbedeutendes Spiel mit Formeln, oder die Herleitung des Strahlungsgesetzes beruhte auf einer soliden physikalischen Konzeption. In diesem Fall muss das Wirkungs-Quantum in der Physik eine fundamentale Rolle spielen, und hier erschien etwas völlig neuartiges, von dem man vorher niemals gehört hatte, das dazu bestimmt schien, unser gesamtes physikalisches Denken von Grund auf zu verändern".*

Revolution im physikalischen Denken 2

2.1 Die von Einstein vorhergesagte korpuskulare Natur des Strahlungsfeldes

Wie im vorangestellten Abschnitt erklärt, beruht die Plancksche Strahlungsformel auf der statistisch begründeten Entropieformel für die Hohlraumstrahlung in einem Volumen V als Integral über alle Frequenzen v:

$$S = \int_0^\infty dv s_v$$

$$s_v = k_B \times V \frac{8\pi}{c^3} v^2 \times [(1 + n_v)\ln(1 + n_v) - n_v \ln n_v]$$

(2.1)

Hier bezeichnet s_v die spektrale Verteilung der Entropie und n_v ist die mittlere (thermische) Besetzungszahl für Lichtquanten mit Energie hv wenn die Wände des Hohlraums auf der Temperatur T gehalten werden. Es ist dann im thermischen Gleichgewicht die mittlere Besetzungszahl

$$n_v = \frac{1}{e^{\frac{hv}{k_B T}} - 1}$$

(2.2)

und

$$E_v = \rho_v \Delta_v = k_B V \times \frac{8\pi}{c^3} v^2 \Delta_v \times hv \times n_v$$

(2.3)

© Springer Fachmedien Wiesbaden 2016
R. P. Huebener, N. Schopohl, *Die Geburt der Quantenphysik*, essentials,
DOI 10.1007/978-3-658-12452-6_2

definiert die spektrale Verteilungsfunktion ρ_v für Lichtquanten mit Energie hv, wobei der Faktor $\mathrm{V} \times \dfrac{8\pi}{c^3} v^2 \Delta_v$ gerade die (asymptotische) Anzahl der Eigenmoden im Frequenzintervall $[v, v + \Delta_v]$ gemäß der Maxwellschen Theorie für stehende elektromagnetische Wellen in einem großen Volumen V mit spiegelnden Randbedingungen angibt.

Der Hohlraum enthalte jetzt ausschließlich Strahlung in einem kleinen Frequenzintervall $[v, v + \Delta_v]$. Für genügend hohe Frequenz v ist dann überall $n_v \ll 1$ (Wiensches Strahlungsgesetz) und es vereinfacht sich der obige Ausdruck für die Entropie $s_v \Delta_v$ im Volumen V zu

$$s_v \Delta_v = \mathrm{k_B V} \times \frac{8\pi}{c^3} v^2 \Delta_v \times n_v (1 - \ln n_v) = k_B \frac{E_v}{hv}\left(1 - \ln \frac{E_v}{\mathrm{V} \times \dfrac{8\pi}{c^3} v^2 \Delta_v \times hv}\right) \quad (2.4)$$

Da für großes Volumen V und genügend hohe Frequenz v der Abstand der Moden sehr dicht liegt, ist auch für kleine Intervallbreite Δ_v immer noch eine große Anzahl von Eigenmoden im Volumen vorhanden, die entsprechend interferieren. Aufgrund der dann auftretenden Schwebungen wird die Energiedichte im Hohlraum räumliche und zeitliche Schwankungen aufweisen. Die zuerst von Albert Einstein im Jahr 1905 untersuchte Situation betrachtet ein Teilvolumen $V^{(0)}$ von V, wobei der Durchmesser von $V^{(0)}$ aber immer noch als groß im Vergleich zur Wellenlänge angenommen sei, so dass die betrachtete Formel für die spektrale Entropiedichte auch für $V^{(0)}$ gültig bleibt:

$$s_v^{(0)} \Delta_v = k_B \frac{E_v}{hv}\left(1 - \ln \frac{E_v}{V^{(0)} \times \dfrac{8\pi}{c^3} v^2 \Delta_v \times hv}\right) \quad (2.5)$$

Albert Einstein berechnete gemäß dem Boltzmannschen Prinzip sodann die relative Wahrscheinlichkeit $\dfrac{W_v^{(0)}}{W_v}$ dafür, dass sich auf einmal die gesamte Strahlungsenergie E_v nur im Teilvolumen $V^{(0)}$ befindet [7]:

$$\ln \frac{W_v^{(0)}}{W_v} = \frac{s_v^{(0)} - s_v}{k_B} \Delta_v = \frac{E_v}{hv} \ln \frac{V^{(0)}}{V} \quad (2.6)$$

Eine ähnliche Formel bestimmt bekanntlich die (im allgemeinen extrem kleine) relative Wahrscheinlichkeit dafür, dass sich die in einem Volumen V befindlichen Partikel eines idealen klassischen Gases mit Teilchenzahl N und Temperatur T alle auf einmal in einem Teilvolumen $V^{(0)}$ von V aufhalten:

$$\frac{W^{(0)}}{W} = \left(\frac{V^{(0)}}{V} \right)^N \tag{2.7}$$

Im Grenzfall der Gültigkeit des Wienschen Gesetzes, also für hochfrequente Hohlraumstrahlung der Frequenz v, besteht offensichtlich eine frapierende Analogie zu einem (einatomigen) idealen Gas mit der Teilchenzahl $N_v = \dfrac{E_v}{hv}$. Diese Relation legt die Auffassung nahe, dass elektromagnetische Strahlung der Frequenz v im Hohlraum aus einer Anzahl N_v von einzelnen unabhängigen Energiequanten der Größe hv besteht.

Plancks ursprüngliche Vorstellung war allerdings eine andere. Er modellierte die Bausteine der Materie, aus denen die Wände des Hohlraums bestehen, als ein System *nicht unterscheidbarer*, harmonisch schwingender Hertzscher Dipole, die elektromagnetische Wellen abstrahlen. Um die richtige Strahlungsformel zu erhalten, ging er davon aus, dass der statistische Erwartungswert der Energie einer Hohlraumeigenmode im thermischen Gleichgewicht bei der Temperatur T mit dem Erwartungswert für die Energie der die Mode erzeugenden Hertzschen Dipole in der Wand übereinstimmt. Seine berühmte Quantenhypothese, dass jeder mit Frequenz v schwingende Oszillator mit a priori gleicher Wahrscheinlichkeit nur Energiewerte $hv \times n$ mit $n = 0, 1, 2, \ldots$ haben kann, betrifft also die die Stahlung erzeugenden harmonischen Freiheitsgrade in der materiellen Wand, nicht diejenigen der Hohlraumstrahlung selbst. Die mit der Lichtquantenhypothese von Albert Einstein kompatible Vorstellung, die Hohlraumeigenschwingungen selbst seien zu quantisieren, wurde erst im Jahr 1910 von Peter Debye eingeführt [15–17]. Da Licht nicht direkt mit Licht wechselwirkt (der Fall sehr hoher elektromagnetischer Energiedichte wird hier nicht betrachtet), postulierte Planck zum Erreichen des thermischen Gleichgewichts ein mesoskopisch kleines materielles „Kohlestäubchen", welches alle Frequenzen emittieren und absorbieren kann, so dass zwischen allen Frequenzintervallen $[v, v + \Delta_v]$ des Spektrums im Hohlraum ein Energieaustausch möglich ist.

Eine bekanntes, allgemeines Ergebnis der statistischen Gleichgewichtsthermodynamik für das großkanonische Ensemble bei der Temperatur T verknüpft das

Schwankungsquadrat $[\Delta\varepsilon]^2 = \left\langle \widehat{H}^2 \right\rangle - \left\langle \widehat{H} \right\rangle^2$ der (inneren) Energie $\varepsilon = \left\langle \widehat{H} \right\rangle$ eines Vielteilchensystems mit seiner Wärmekapazit $C_V = \dfrac{d}{dT}\varepsilon$ bei konstantem Volumen:

$$C_V = \frac{[\Delta\varepsilon]^2}{k_B T^2} \qquad (2.8)$$

Für den starren Körper (null innere Freiheitsgrade) impliziert dies

$$C_v = 0.$$

Die von Albert Einstein zuvor gegebene korpuskulare Interpretation der Hohlraumstrahlung als Gas von Lichtquanten (Photonen), z. B. in einem Kasten mit Volumen $V=L^3$, tritt tatsächlich auch beim Schwankungsquadrat der Energie der Hohlraumstrahlung sehr deutlich in Erscheinung, wenn man sich (nur für den Augenblick) vorstellt, dass der Hohlraum mit Volumen V jetzt ausschließlich elektromagnetische Moden im Frequenzintervall $[v, v + \Delta_v]$ enthalten soll. Gemäß (2.8) gilt jetzt

$$[\Delta\varepsilon_v]^2 = k_B T^2 \frac{d}{dT}\varepsilon_v = k_B T^2 \frac{d\rho_v}{dT} \qquad (2.9)$$

Anstatt die (aus Sicht des Kenntnisstands im Jahr 1909 schwierige) Aufgabe zu lösen, die spektrale Verteilungsfunktion von Planck ab initio herzuleiten, fragt sich Einstein, welche Schlußfolgerungen möglich wären, wenn er für gegebene Frequenz v die Gültigkeit der jedenfalls empirisch sehr gut bestätigten Planckschen Formel für die spektrale Verteilungsfunktion postuliert. Sodann berechnet er

$$\begin{aligned}
k_B T^2 \frac{d\rho_v}{dT}\Delta_v &= V \times \frac{8\pi}{c^3}v^2\Delta_v \times hv \times k_B T^2 \times \frac{dn_v}{dT} \\
&= V \times \frac{8\pi}{c^3}v^2\Delta_v \times (hv)^2 \times n_v(n_v+1)
\end{aligned} \qquad (2.10)$$

Drücken wir wieder n_v durch E_v aus, so folgt unmittelbar das Schwankungsgesetz der Hohlraumstrahlung in der Form, wie es 1909 von Albert Einstein [18] hergeleitet wurde

$$\left[\frac{\Delta\varepsilon_v}{hv}\right]^2 = \frac{E_v}{hv} + \frac{\left(\dfrac{E_v}{hv}\right)^2}{V \times \dfrac{8\pi}{c^3}v^2\Delta_v} \qquad (2.11)$$

Die Formel offenbart in der Tat in knappster Form den legendären Teilchen-Welle Dualismus der Quantenmechanik. Die durch Interferenz-Schwebungen verursachten Schwankungen der Energie der Hohlraumschwingungen im Frequenzintervall $[v, v + \Delta_v]$ sind demnach größer als nach der klassischen Maxwellschen Theorie herauskommt. Im Grenzfall hoher Frequenzen v, d. h. für kleine Besetzungszahl $n_v \ll 1$, kann der zweite (klassische) Term vernachlässigt werden.

In dem Fall verhält sich das System also auch bzgl. der Energiefluktuationen so wie ein ideales Gas bestehend aus einer Zahl $N_v = \dfrac{E_v}{hv}$ von Korpuskeln mit Energie hv. Nur für kleine Frequenzen, im Bereich der Gültigkeit der Rayleigh-Jeans Asymptotik der Planckschen Strahlungsformel, ist der korpuskulare erste Term gegenüber dem zweiten Term vernachlässigbar klein und man findet völlige Übereinstimmung mit der klassischen Rechnung von Lorentz [19] für interferierende Wellen.

2.2   Das Schwankungsgesetz von Einstein nach der neuen Quantenmechanik von Heisenberg, Born und Jordan

Es bezeichne jetzt G_v für elektromagnetische Hohlraummoden im Volumen V eine Gesamtheit von Wellenzahlvektoren $\mathbf{k}$ im Frequenzintervall $v < v_{\mathbf{k}} < v + \Delta_v$. Beispielsweise sind für einen Kasten (spiegelnde Randbedingungen) im Volumen $V = L^3$ jetzt die Frequenzen gegeben zu $v_{\mathbf{k}} = \dfrac{c}{2\pi} \times |\mathbf{k}|$, wobei $\mathbf{k} = \dfrac{\pi}{L}(m_x, m_y, m_z)$ den Wellenzahlvektor bezeichnet und die natürlichen Zahlen $m_x, m_y, m_z \in \mathbb{N}$ die (transversal elektrischen und die transversal magnetischen) Eigenschwingungen indizieren. Der Operator der elektromagnetischen Feldenergie für das Frequenzintervall $[v, v + \Delta_v]$ im Volumen V kann dann mit den Besetzungszahloperatoren $\hat{n}_{\mathbf{k}}$ für die betreffenden Moden bekanntlich als direkte Summe von harmonischen Oszillatoren dargestellt werden

$$\widehat{H}_v = \sum_{\mathbf{k} \in G_v} hv_{\mathbf{k}} \left(\hat{n}_{\mathbf{k}} + \frac{1}{2} \right) \tag{2.12}$$

d. h. die Energie $\varepsilon_v = \left\langle \widehat{H}_v \right\rangle$ ist die Summe der Energien der einzelnen Eigenschwingungen im Hohlraum. Tatsächlich ist dabei die Nullpunktsenergie aufgrund der endlichen Anzahl von Moden im betrachteten Frequenzintervall jetzt endlich groß, der Ausdruck für $\left\langle \widehat{H}_v \right\rangle$ ist wohl definiert.

Mit $n_{v\mathbf{k}} = \langle \hat{n}_\mathbf{k} \rangle$ als *quantenmechanischer* Erwartungswert des Besetzungszahl-operators $\hat{n}_k$ (im großkanonischen Ensemble der statistischen Physik) folgt somit für das Schwankungsquadrat der Feldenergie der Ausdruck

$$
\begin{aligned}
[\Delta\varepsilon_v]^2 &= \left\langle \hat{H}_v^2 \right\rangle - \left\langle \hat{H}_v \right\rangle^2 \\
&= \sum_{\mathbf{k},\mathbf{k}'\in G_v} (h v_\mathbf{k})(h v_{\mathbf{k}'}) \left(\left\langle \left(\hat{n}_\mathbf{k} + \frac{1}{2}\right)\left(\hat{n}_{\mathbf{k}'} + \frac{1}{2}\right) \right\rangle - \langle \hat{n}_\mathbf{k} + \frac{1}{2} \rangle \langle \hat{n}_{\mathbf{k}'} + \frac{1}{2} \rangle \right)
\end{aligned}
\tag{2.13}
$$

Für $\mathbf{k} \neq \mathbf{k}'$ gilt zufolge der statistischen Unabhängigkeit der Besetzung der Hohlraummoden jetzt

$$
\left\langle \left(\hat{n}_\mathbf{k} + \frac{1}{2}\right)\left(\hat{n}_{\mathbf{k}'} + \frac{1}{2}\right) \right\rangle = \langle \hat{n}_\mathbf{k} + \frac{1}{2} \rangle \langle \hat{n}_{\mathbf{k}'} + \frac{1}{2} \rangle.
\tag{2.14}
$$

Es bleiben demnach in der Doppelsumme nur die Diagonalterme $\mathbf{k} = \mathbf{k}'$ übrig:

$$
[\Delta\varepsilon_v]^2 = \sum_{\mathbf{k}\in G_v} (h v_\mathbf{k})^2 \left(\langle \hat{n}_\mathbf{k}^2 \rangle - \langle \hat{n}_\mathbf{k} \rangle^2 \right)
\tag{2.15}
$$

Hervorzuheben ist, dass sich die Beiträge der Nullpunktsenergie hier exakt zu Null kompensieren.

Mit dem (nur für Bosonen gültigen) Resultat für die quantenstatistischen Besetzungszahlfluktuationen im großkanonischen Ensemble

$$
\langle \hat{n}_\mathbf{k}^2 \rangle - \langle \hat{n}_\mathbf{k} \rangle^2 = \langle \hat{n}_\mathbf{k} \rangle \left(\langle \hat{n}_\mathbf{k} \rangle + 1 \right)
\tag{2.16}
$$

ergibt sich unmittelbar [17, 20]:

$$
[\Delta\varepsilon_v]^2 = \sum_{\mathbf{k}\in G_v} (h v_\mathbf{k})^2 n_{v_\mathbf{k}} (n_{v_\mathbf{k}} + 1)
\tag{2.17}
$$

Für genügend kleine Wellenlängen $\lambda \ll L$ befindet sich im Frequenzintervall $v < v_\mathbf{k} < v + \Delta_v$ eine große Anzahl $V \times \dfrac{8\pi}{c^3} v^2 \Delta_v$ von Moden mit Wellenzahl $\mathbf{k}$ und (fast) gleicher Frequenz $v_\mathbf{k}$. Somit kann für $\mathbf{k} \in G_v$ mit der Ersetzung $n_{v_\mathbf{k}} = n_v$ die Summe über die Wellenzahlen im Ausdruck für $[\Delta\varepsilon_v]^2$ ohne Weiteres abgeschätzt werden zu

$$
[\Delta\varepsilon_v]^2 = V \times \frac{8\pi}{c^3} v^2 \Delta_v \times (h v)^2 n_v (n_v + 1)
\tag{2.18}
$$

Abb. 2.1 Werner Heisenberg (Deutsches Museum, Archiv)

Abb. 2.2 Max Born

Abb. 2.3 Pascual Jordan

in völliger Übereinstimmung mit Einsteins Ergebnis von 1909.

Es lässt sich demnach feststellen, dass die statistische Theorie der Quanten-felder den gemäß der klassischen Sichtweise vorhandenen Widerspruch zwischen der Vorstellung, Licht sei Korpuskularstrahlung (Rene Descartes, Isaac Newton), und der durch Interferenzexperimente gefestigten Auffassung, es handle sich um Wellenstrahlung (Christian Huygens, Thomas Young, Augustin Fresnel, Valentin Lorenz, James Clerk Maxwell), tatsächlich vollständig aufhebt [16, 20]. Es ist gemäß der neuen Quantenmechanik von Heisenberg (Abb. 2.1), Born (1882–1970) (Abb. 2.2) und Jordan (1902–1980) (Abb. 2.3) [21] also gar nicht erforderlich, die Wellentheorie zugunsten des Teilchenbildes aufzugeben und umgekehrt.

2.3 Moderne Quantenmechanik und Beginn der Quantentheorie der Felder

Die berühmte „Dreimännerarbeit" von Max Born, Werner Heisenberg und Pascual Jordan [21] aus dem Jahr 1925 führt als Ausgangspunkt der modernen Quantenme-chanik die (in anderer Gestalt) zuerst von Werner Heisenberg [22] vorgeschlagene *Umdeutung* der klassischen Variablen Ort q und Impuls p eines Massenpunkts als hermitesche Operatoren mit der kanonischen Vertauschungsregel ein [21]:

$$\hat{p}\hat{q} - \hat{q}\hat{p} = \frac{h}{2\pi i}\hat{1} \qquad\qquad (2.19)$$

Diese Vertauschungsregel ist die Quintessenz der Quantenmechanik, und nur an dieser Stelle geht das Plancksche Wirkungsquantum h in die Theorie ein. Die Nichtkommutativität bei der Hintereinanderausführung (Multiplikation) zweier konjugierter Operatoren ist hier der Paradigmenwechsel, das entscheidende Merkmal der Quantenmechanik. Im Übrigen ist die zeitliche Entwicklung von Operatoren in der Quantenmechanik deterministisch bestimmt. Sie ergibt sich durch Lösen von Bewegungsgleichungen, die formal den Hamiltonschen Bewegungsgleichungen der klassischen Mechanik entsprechen. Im asymptotischen Grenzfall $h \to 0$ gelangt man offensichtlich wieder zur klassischen Theorie. Auf Basis der mathematischen Formulierung durch Born und Jordan [23] von Heisenbergs Umdeutung konnten so in der „Dreimännerarbeit" von 1925 die bis heute unveränderten Grundzüge der algebraischen Theorie des Drehimpulses und des harmonischen Oszillators als notwendige Folgerungen der neuen Quantenmechanik abgeleitet werden.

In der Arbeit wird auch die Vermutung ausgesprochen, dass die Quanten des Strahlungsfeldes Bosonen sind. Heutzutage ist es bekannt, dass es der Initiative von Pascual Jordan zu verdanken war, die damals neue Quantenmechanik auf die Statistik der Hohlraumschwingungen anzuwenden. Er, der Dritte und lange Zeit weniger bekannte Autor der „Dreimännerarbeit", behandelte im letzten Teil der Arbeit ein Beispiel aus der klassischen Kontinuumsmechanik, nämlich die schwingende (massive) Saite. Als Jordan die Schwankungsquadrate der Energiefluktuationen auf einem kleinen Teilstück der Saite im schmalen Frequenzintervall $[v, v + \Delta_v]$ jetzt nicht klassisch, sondern nach den Regeln der Heisenbergschen Umdeutung von Ort q und Impuls p als hermitesche Operatoren $\hat{p}$ und $\hat{q}$ für das betreffende Teilstück der harmonisch schwingenden Saite mit der kanonischen Kommutatorrelation (2.19) berechnete, war sein Ergebnis äquivalent zu Einsteins Schwankungsgesetz [16].

Tatsächlich hat Jordan damit gezeigt, dass die Einsteinsche Formel für die Schwankungen der Energiefluktuationen viel größere Allgemeinheit beanspruchen darf als ihr im Kontext ihrer ursprünglichen Herleitung zusteht, die Formel ist sogar richtig (völlig) außerhalb der Gültigkeit der statistischen Thermodynamik [24]. Dass auf diese Weise bereits in der „Dreimännerarbeit" von 1925 im letzten Teil der Arbeit auch noch der Weg zur modernen Quantenfeldtheorie gewiesen wurde, das allerdings wurde erst später erkannt und gewürdigt. Die voll relativistische Theorie der Materie-Licht Wechselwirkung im Rahmen der Quantenelektrodynamik wurde erst nach dem zweiten Weltkrieg aufgestellt [25]. Eines ihrer besten

Abb. 2.4 Physikerkonferenz in Kopenhagen im Juni 1936. In erster Reihe von *links*: W. Pauli, P. Jordan, W. Heisenberg, M. Born, L. Meitner, O. Stern, J. Franck, G. de Hevesy. Hinter Pauli an der Wand lehnend N. Bohr

Ergebnisse ist die Berechnung des anomalen magnetischen Moments g-2 des Elektrons [26], das (heutzutage) tatsächlich auf mehr als 11 Dezimalstellen mit dem experimentell bestimmten Wert übereinstimmt [27].

Hervorzuheben ist, dass zugleich mit Werner Heisenberg, Max Born und Pascual Jordan als Gründungsväter der modernen Quantenmechanik die Forscherpersönlichkeiten Paul Dirac (1902–1984), Erwin Schrödinger (1887–1961) und nicht zuletzt Wolfgang Pauli (1900–1958) mit ihren bahnbrechenden Arbeiten zu nennen sind. Alle zusammen verschafften in ganz kurzer Zeit der modernen Quantenmechanik als radikal neues Fundament anstelle der klassischen Physik weltweit Anerkennung. Darauf wollen (können) wir an dieser Stelle aber nicht eingehen. Eine Reihe der Gründungsväter zeigt Abb. 2.4 während einer Konferenz in Kopenhagen im Juni 1936.

Den Anspruch, anschaulich zu sein, kann die Quantenmechanik leider nicht erfüllen, wenn auch die Fragestellungen, aus denen sie entstanden ist, ursprünglich auf dem Korrespondenzprinzip der alten Atommechanik von Niels Bohr (1885–1962) und Arnold Sommerfeld (1868–1951) beruhen. Dies unterstreicht ein Zitat aus dem Vorwort zur ersten Auflage des Lehrbuchs von Paul Dirac [28].

The new theories, if one looks apart from their mathematical setting, are built up from physical concepts which cannot be explained in terms of things previously known to the student, which cannot even be explained adequately in words at all. Like the fundamental concepts (e.g. proximity, identity) which everyone must learn on his arrival into the world, the newer concept of physics can be mastered only by long familiarity with their properties and uses.

Literatur

1. Huebener, R., Lübbig, H.: Die Physikalisch-Technische Reichsanstalt. Vieweg+Teubner, Wiesbaden (2011)
2. Planck, M.: Ann. Phys. **1**, 69 (1900) (**1**, 719 (1900))
3. Eine genaue Erläuterung findet man bei Arnold Sommerfeld, Thermodynamik und Statistik, Akademische Verlagsgesellschaft, 2. Aufl., S. 120–130. Leipzig (1962)
4. Planck, M.: Verh. Dtsch. Physikalischen Ges. **2**, 202 (1900)
5. Planck, M.: Ann. Phys. **4**, 553 (1901)
6. Planck, M.: Verh. Dtsch. Physikalischen Ges. **2**, 237 (1900)
7. Einstein, A.: Ann. Phys. **17**, 132 (1905)
8. Einstein, A.: Ann. Phys. **20**, 199 (1906)
9. AAW Berlin, II–IIIa, Bd. 19, Bl. 86–87; Inventar A Nr. 1
10. Einstein, A.: Ann. Phys. **22**, 180 (1907)
11. Planck, M.: The Theory of Heat Radiation (spätere englische Übersetzung). Dover Publications (1959)
12. Jammer, M.: The Conceptual Development of Quantum Mechanics. McGraw Hill (1966)
13. Kuhn, T.S.: Black-Body Theory and the Quantum Discontinuity 1894–1912. Clarendon Press (1978)
14. Hund, F.: Geschichte der Quantentheorie. Bibliographisches Institut Mannheim (1967)
15. Debye, P.: Ann. Phys. **33**, 1427 (1910)
16. Born, M., Jordan, P.: „Elementare Quantenmechanik", Zweiter Band der Vorlesungen über Atommechanik. Verlag Julius Springer, Berlin (1930)
17. Jordan, P.: Statistische Mechanik auf Quantentheoretischer Grundlage. Vieweg&Sohn, Braunschweig (1944)
18. Einstein, A.: Z. Phys. **10**, 185 (1909)
19. Lorentz, H.A.: Therories statistique en Thermodynamique. Leipzig (1916)
20. Jordan, P.: Anschauliche Quantentheorie. Verlag Julius Springer, Berlin (1936)
21. Born, M., Heisenberg, W. Jordan, P.: Zur Quantenmechanik. II. Z. Phys. **35**, 89 (1925)
22. Heisenberg, W.: Z. Phys. **33**, 879 (1925)
23. Born, M., Jordan, P.: Zur Quantenmechanik. Z. Phys. **34**, 858 (1925)
24. Dittrich, W.: Eur. Phys. J. **40**, 241 (2015)
25. Schweber, S.: QED and the Men Who Made It: Dyson, Feynman, Schwinger, and Tomonaga. Princeton University Press (1994)

© Springer Fachmedien Wiesbaden 2016

R. P. Huebener, N. Schopohl, *Die Geburt der Quantenphysik,* essentials,

DOI 10.1007/978-3-658-12452-6

26. Schwinger, J.: Phys. Rev. **73**, 416 (1948)
27. Hanneke, D., Fogwell, S., Gabrielse, G.: Phys. Rev. Lett. **100**, 120801 (2008)
28. Dirac, P.: The Principles of Quantum Mechanics. Oxford University Press (1930)